Athanasios A. Panagiotopoulos
Evangelia K. Konstantinou

Exercícios de laboratório para Química Inorgânica Geral III

Athanasios A. Panagiotopoulos
Evangelia K. Konstantinou

Exercícios de laboratório para Química Inorgânica Geral III

ScienciaScripts

Imprint
Any brand names and product names mentioned in this book are subject to trademark, brand or patent protection and are trademarks or registered trademarks of their respective holders. The use of brand names, product names, common names, trade names, product descriptions etc. even without a particular marking in this work is in no way to be construed to mean that such names may be regarded as unrestricted in respect of trademark and brand protection legislation and could thus be used by anyone.

Cover image: www.ingimage.com

This book is a translation from the original published under ISBN 978-620-7-65063-7.

Publisher:
Sciencia Scripts
is a trademark of
Dodo Books Indian Ocean Ltd. and OmniScriptum S.R.L publishing group

120 High Road, East Finchley, London, N2 9ED, United Kingdom
Str. Armeneasca 28/1, office 1, Chisinau MD-2012, Republic of Moldova, Europe
Printed at: see last page
ISBN: 978-620-7-76509-6

ATHANASIOS A. PANAGIOTOPOULOS

EVANGELIA K. KONSTANTINOU

EXERCÍCIOS DE LABORATÓRIO DE QUÍMICA INORGÂNICA GERAL III

2024

Nas nossas famílias

(que nos apoiam e tornam fáceis as coisas difíceis)

e aos nossos amigos

(pelos momentos maravilhosos que nos proporcionam)

ÍNDICE

Prólogo

Ensinar e aprender química é um grande desafio. Especialmente no laboratório, exige um grande esforço tanto do professor como do aluno. A magia de aprender química em relação a qualquer outra ciência reside no facto de poder ser aprendida através da observação. A química é a combinação perfeita de teoria e experiência, observação e interpretação, e está no centro das ciências positivas.

O nosso objetivo ao escrever o guia de laboratório de química geral e inorgânica é apresentar uma série de experiências de química que sejam representativas de uma gama bastante ampla do campo da ciência química. Através das experiências, os alunos são expostos aos princípios básicos da química. As experiências são concebidas de modo a que seja efectuado um estudo multifacetado para interpretar cada experiência através de uma pesquisa bibliográfica. Desta forma, os alunos de cada área podem analisar e aprofundar os seus conhecimentos na perspetiva do seu interesse.

Este guia de laboratório inclui 2 módulos experimentais diferentes e mais de 15 exercícios de laboratório diferentes. Foi concebido para ser completado durante um semestre académico. Cada capítulo e secção inclui uma introdução ao tema em estudo, uma teoria detalhada e o aprofundamento dos princípios e métodos utilizados para realizar a respectiva experiência, bem como uma apresentação do tema de uma forma mais geral, dando a possibilidade de pesquisa e investigação adicionais. A parte experimental é escrita para ajudar professores e alunos com uma descrição pormenorizada do procedimento experimental. Os procedimentos experimentais são verificados quanto à sua correção por professores de química, tanto na

Grécia como no estrangeiro, e são referidos em publicações de revistas e livros de química de prestígio internacional.

Após a realização de cada exercício laboratorial, os alunos são convidados a descrever o procedimento experimental que seguiram, as suas observações e todos os pormenores que os ajudarão a compreender a essência da experiência. As questões concebidas para cada experiência, pretendem a continuação da experiência para além dos limites do laboratório, pretendem a pesquisa bibliográfica e a investigação, através da qual compreenderão plenamente todos os pormenores da experiência que realizaram. As fontes bibliográficas apresentadas no final de cada capítulo também ajudam neste sentido.

O guia de laboratório de química orgânica foi escrito em circunstâncias muito difíceis. Foi feito um enorme esforço para eliminar erros e omissões. Todos os livros devem melhorar e seguir o curso do desenvolvimento da ciência que promovem. É por isso que teremos todo o gosto em receber comentários e possíveis correcções.

Concluindo este prefácio, vale a pena registar a opinião de Aristóteles sobre a experiência e o seu valor... *<<Dos muitos conceitos de experiência, um em absoluto diz respeito a percepções semelhantes... que a experiência de cada um é conhecimento, e a arte de nenhum>>*.

Os autores,

Athanasios A. Panagiotopoulos

Evangelia K. Konstantinou

Agradecimentos

Escrever um livro é uma tarefa difícil, é simultaneamente um grande desafio e uma responsabilidade. Requer tempo, esforço, dedicação.

Por esta razão, agradecemos às nossas famílias o seu apoio inabalável, porque conseguiram estar presentes, facilitando tudo o que era difícil. Agradecemos à família de Athanasios (Antonis, Eleni e Victoria) e de Evangelia (Konstantinos, Chryssi, Maria e Dimitris) que estão ao nosso lado em todos os momentos.

Agradecemos aos nossos excelentes professores e mestres, ao longo de todos estes anos, que nos deram todas essas provisões espirituais, a sede de busca, a teimosia de não desistir.

Agradecemos aos nossos amigos por todos os momentos que nos proporcionaram e acompanham. Momentos que valeriam a pena escrever livros inteiros.

Dedicamos o nosso livro a todos eles. A todos vós que não desistem quando é difícil. Onde ficam para lutar pelos vossos sonhos. Não me digas. Onde lutam pela justiça. Onde dão a vossa alma pela justiça. A todos os cientistas que vêem a sua ciência como uma arte e um dever indivisível para com os nossos semelhantes e não como uma profissão.

Regras de segurança:

As regras básicas de segurança num laboratório de química são as seguintes:

1. Usar um avental de proteção no laboratório. Deve usar vestuário que cubra todo o corpo por cima do avental. É proibido o uso de roupa curta e sapatos abertos. O cabelo comprido deve ser atado para trás, pois pode incendiar-se, ficar preso em aparelhos eléctricos e entrar em contacto com vários produtos químicos.

2. São necessários óculos de proteção durante as experiências. Os óculos de proteção devem ser usados por todas as pessoas no laboratório, mesmo durante curtos períodos de tempo.

3. Não comer ou beber no laboratório.

4. Todos os seus objectos pessoais devem ser guardados em cacifos especiais fora do laboratório.

5. É estritamente proibida a entrada nas áreas de laboratório sem autorização do seu orientador académico.

6. É proibido fumar e utilizar telemóveis no laboratório e nos corredores.

7. Para reduzir a possibilidade de acidentes laboratoriais, as saídas do laboratório não devem ser bloqueadas, assim como devem ser evitadas deslocações desnecessárias do local de trabalho.

8. Todos devem tratar o seu trabalho com seriedade e responsabilidade.

9. As saídas do laboratório devem ser facilmente acessíveis e estar sempre em boas condições.

10. É proibido sair do laboratório com luvas ou aventais.

11. Os laboratórios e o edifício em que estão instalados devem estar equipados com sistemas de deteção de incêndios, alarmes e sistemas automáticos de extinção de incêndios.

12. Em caso de acidente, o pessoal do laboratório deve ser imediatamente avisado para prestar os primeiros socorros.

13. Deve existir uma farmácia móvel no laboratório e a sua localização deve ser visível para todos.

14. É proibido tratar voluntariamente de acidentes sem a ordem do instrutor responsável.

15. É proibido tentar efetuar vários procedimentos laboratoriais, exceto se o professor responsável tiver sido informado.

16. É proibida a realização de experiências sem um conhecimento completo dos riscos e dos pormenores da experiência. Os alunos devem preparar teoricamente as suas experiências antes de entrarem no laboratório.

17. É estritamente proibida a adulteração de protocolos e instruções experimentais.

18. Antes de efectuarem experiências, os alunos devem ser devidamente informados dos perigos de todos os reagentes utilizados. Todos os reagentes químicos utilizados têm um sinal de perigo (http://hazard.com).

19. É estritamente proibida a transferência de instrumentos, produtos químicos e equipamentos para fora do laboratório.

20. Todas as experiências devem ser efectuadas num exaustor.

21. Apenas os materiais necessários para efetuar os procedimentos experimentais devem estar presentes na hotte. Cadernos e livros só são permitidos fora da chaminé.

22. A zona de trabalho deve ser cuidadosamente limpa antes e depois de cada experiência.

23. O chão do laboratório deve ser mantido sempre limpo e seco. Se forem derramados reagentes químicos no chão, deve contactar imediatamente o pessoal do laboratório.

24. É proibido aquecer solventes inflamáveis e sistemas fechados com uma chama aberta.

25. A utilização de ácidos e bases deve ser objeto de cuidados especiais. Se o ácido ou a base entrar em contacto com as mãos ou os olhos, lavar abundantemente com água. Avisamos sempre o responsável pelo laboratório.

26. Deve ser dada especial atenção à gestão dos resíduos. Os laboratórios devem dispor de contentores de recolha para resíduos aquosos, orgânicos e orgânicos clorados. Não deitar produtos químicos no lava-loiça.

27. Os laboratórios devem ter caixotes do lixo especiais para objectos partidos e afiados.

28. No final de cada dia de laboratório, cada equipa de laboratório deve limpar e devolver o equipamento usado ao local onde o recebeu.

29. As áreas comuns são limpas por uma equipa de limpeza especial.

30. A maioria dos acidentes é causada por descuido ou negligência, pelo que deves ter cuidado com todos os teus movimentos durante a experiência.

Primeiros socorros:

Os conselhos básicos para os primeiros socorros no laboratório são os seguintes

1. A água nem sempre é o melhor agente extintor quando deflagra um incêndio num laboratório. Em qualquer caso, todos os materiais inflamáveis devem ser removidos, a energia deve ser desligada e a fonte do fogo deve ser coberta com um pano húmido ou areia. Além disso, na maioria dos casos, é necessária a utilização de um extintor de incêndio adequado.

2. Em caso de choque elétrico, desligue imediatamente a alimentação.

3. Em caso de acidente com um ácido ou uma base, lavar as zonas afectadas com água abundante. Consulto sempre o responsável pelo laboratório.

4. Em caso de fuga de produtos químicos no exaustor, o exaustor é selado com vidro e o professor responsável é informado.

5. No caso, mesmo que suspeite que o ácido fluorídrico caiu sobre si, informe imediatamente o professor responsável. Não te mexas muito porque este ácido é tão tóxico e perigoso que penetra muito

rapidamente nos tecidos. Enxaguar a superfície da pele com água abundante durante mais de 15 minutos.

6. Deve ser dada especial atenção aos compostos orgânicos. A maior parte dos reagentes orgânicos são venenosos e perigosos. Se entrar em contacto direto com eles, informe o responsável do laboratório.

7. Em caso de inalação de vapores tóxicos, as pessoas devem ser retiradas para um local aberto. Pode ser administrada uma ligeira dose de amoníaco se estes vapores forem considerados ácidos.

8. No caso de uma grande quantidade de ácido cair sobre uma pessoa, esta é retirada com muito cuidado e rapidamente do laboratório, sob os chuveiros especiais que existem. Deitar fora toda a água para evitar queimaduras irreparáveis.
9. Para queimaduras, aplicar ácido pícrico ou solução de etanol. Em seguida, utilizar uma pomada e fixar o local.

10. Se ocorrer um acidente com óculos partidos, lave a ferida com água, etanol e oxigénio diluído. Utilizar gaze e uma ligadura.

11. Sempre em caso de acidente, mantemos a calma e avisamos o responsável pelo laboratório.

Medidas de segurança adicionais :

Para reduzir as probabilidades de acidentes no laboratório, é necessário adotar as seguintes medidas de segurança:

1. O local de trabalho deve estar sempre limpo e organizado.

2. Não tocar em pipetas que não se saiba terem sido utilizadas.

3. É proibida a utilização de luvas usadas.

4. No caso de experiências com compostos altamente tóxicos, é necessária a utilização de luvas de proteção duplas.

5. Não alterar as posições dos reagentes.

6. É estritamente proibido utilizar sifões com doseadores defeituosos.

7. É estritamente proibido sifonar produtos químicos com a boca.

8. Utilize sempre as quantidades necessárias de reagentes e não mais do que isso. As experiências são concebidas e testadas em termos de segurança.

9. Não introduzir pipetas ou pipetas nos frascos de reagentes.

10. Não devolver os restos de produtos químicos aos respectivos frascos. Informar o professor responsável.
11. A inalação, a ingestão e qualquer tipo de controlo organolético dos produtos químicos são estritamente proibidos.

12. Os frascos de reagentes devem ser tapados quando não estão a ser utilizados.

13. É proibida a utilização de aparelhos eléctricos defeituosos.

14. Nos casos em que é utilizada argamassa, esta deve ser coberta.

15. Não apontar os bicos dos tubos de ensaio para si ou para as pessoas à sua volta.

16. Não deitar compostos e soluções no lava-loiça.

17. Não utilizar objectos de vidro partidos.

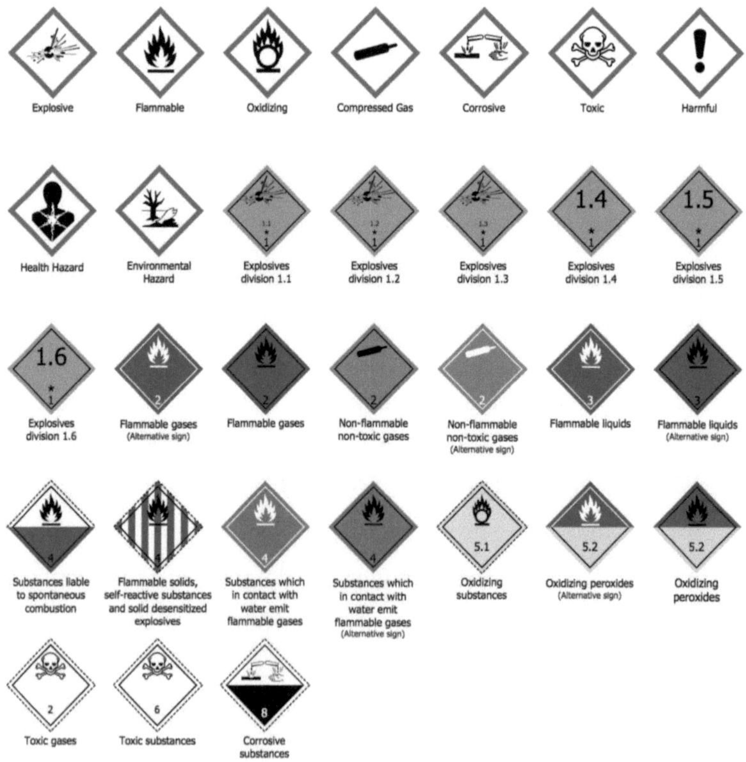

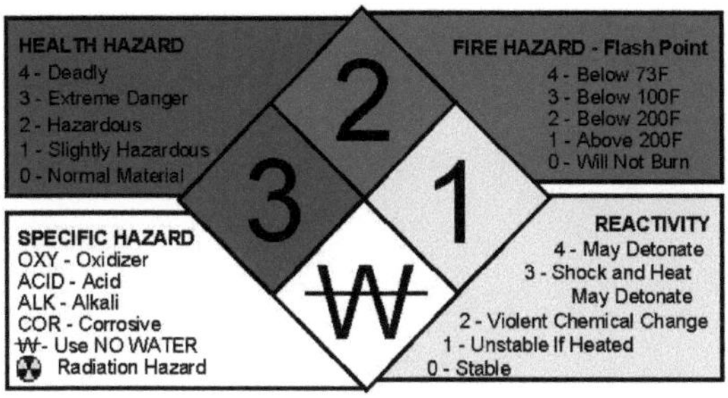

Figura-1: Alguns dos símbolos de perigo mais básicos dos reagentes químicos.

1

Electrólitos - Hidrólise dos sais

Uma reação de hidrólise é qualquer reação química em que uma substância se decompõe em duas substâncias mais simples ao reagir com água.

1. *Introdução*

Os electrólitos são meios que contêm iões e que são condutores de eletricidade através do transporte de iões, mas não de electrões. Incluem-se a maioria dos sais solúveis, ácidos e bases dissolvidos em solventes polares como a água. Durante a dissolução, a substância separa-se em catiões e aniões, que se dispersam homogeneamente no solvente. Em medicina e química, o termo eletrólito pode também referir-se a uma substância dissolvida.

As soluções acima referidas são eletricamente neutras. Quando um potencial é aplicado a uma solução deste tipo, os catiões da solução são atraídos para os eléctrodos ricos em electrões, enquanto os aniões são atraídos para os eléctrodos deficientes em electrões. O movimento de aniões e catiões em direcções opostas através da solução resulta numa corrente eléctrica. Em condições de alta temperatura ou baixa pressão, alguns gases, como o cloreto de hidrogénio (HCl), podem também atuar como electrólitos. As soluções electrolíticas podem também resultar da dissolução de certas substâncias biológicas (por exemplo, ADN, polipéptidos) ou de polímeros sintéticos (por exemplo, sulfonatos de poliestireno) que contêm grupos funcionais carregados, denominados "polielectrólitos". As substâncias que se dissociam em iões na solução ou na fusão adquirem a capacidade de conduzir eletricidade. O sódio, o potássio, o cloro, o cálcio, o magnésio e os fosfatos em fase líquida são exemplos de electrólitos.

Svante Arrhenius foi galardoado com o Prémio Nobel da Química em 1903 pela sua tese de 1884, na qual apresentou uma explicação para a decomposição de sais cristalinos sólidos em partículas carregadas. A explicação de Arrhenius, segundo a qual os sais se decompõem em partículas carregadas (chamadas iões) quando formam soluções, foi relatada muitos anos antes por Michael Faraday (1791-1867). Faraday acreditava que os iões eram produzidos durante o processo de eletrólise. Arrhenius sugeriu que as soluções salinas continham iões mesmo na ausência de corrente eléctrica. Assim, propôs que as reacções químicas em soluções eram reacções entre iões. Pouco tempo depois da hipótese iónica de Arrhenius, Franz Hofmeister e Sigmund Lewis descobriram que diferentes tipos de iões tinham efeitos diferentes, por exemplo, na solubilidade das proteínas. Estes diferentes iões exibem propriedades estáveis em muitos outros sistemas, que estão relacionadas com o seu tamanho. A sua classificação de acordo com as suas propriedades foi designada por série de Hofmeister.

A origem dos efeitos acima referidos não é clara e tem sido muito estudada no último século. No entanto, tem sido sugerido que a densidade de carga destes iões tem um efeito importante, e pode mesmo haver uma explicação, que vem do trabalho de Charles-Augustin de Coulomb há 200 anos.

As soluções electrolíticas são geralmente formadas quando o sal é colocado num solvente como a água, onde os componentes individuais são decompostos por interacções termodinâmicas entre as moléculas do solvente e do soluto, um processo conhecido como "solubilização". Por exemplo, quando o cloreto de potássio (KCl) é introduzido em água, o sal (sólido) dissolve-se (**Figura-1.1**) nos iões que o constituem de acordo com a reação de ionização:

$$KCl_{(s)} \rightarrow K^{+}{}_{(aq)} + Cl^{-}{}_{(aq)}$$

Também é possível que as substâncias reajam com a água para produzir iões. Por exemplo, o gás dióxido de carbono (CO_2) dissolve-se em água e produz soluções que contêm iões oxónio (H_3O^+), iões carbonato (CO_3^{-2}) e iões bicarbonato (HCO_3^-).

Os sais fundidos também podem ser electrólitos. Por exemplo, quando o cloreto de potássio é fundido, o líquido que se forma produz eletricidade. Em particular, os líquidos iónicos de sais fundidos, que têm um ponto de fusão inferior a 100 °C, são uma classe de electrólitos não aquosos altamente condutores, que são cada vez mais utilizados em pilhas de combustível e baterias.

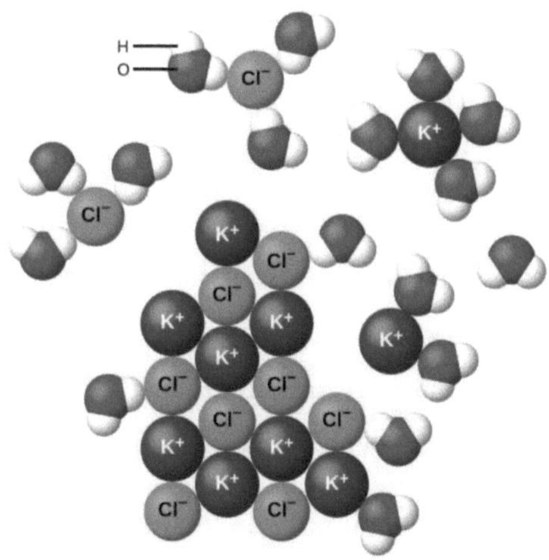

Figura-1.1: A dissolução do cloreto de potássio (KCl) em água.

Um eletrólito em solução é descrito como "denso" se a concentração de iões for elevada e "diluído" se for baixa. Se uma grande parte do soluto se dissociar em iões livres, o eletrólito é forte.

As propriedades do eletrólito podem ser utilizadas para extrair os elementos e compostos constituintes de uma solução através do processo de eletrólise. Os metais alcalino-terrosos formam hidróxidos, que são electrólitos fortes, mas a sua solubilidade em água é limitada devido à forte atração entre os iões que os constituem. Este facto limita a sua aplicação nos casos em que é necessária uma elevada solubilidade. É de salientar que, em 2021, os investigadores descobriram que o tipo de eletrólito acima referido facilita muito os estudos de corrosão eletroquímica em meios menos condutores.

2. Teoria

2.1 Dimensão dos electrólitos

As reacções iónicas importantes são encontradas quando se dissolvem electrólitos (ácidos, bases e sais) em água. A reação de dissociação dos electrólitos em iões é bidirecional. Só no caso dos sais é que consideramos que a reação é unidirecional (dissociação completa em iões). É de notar que, nas bases, e especialmente nos ácidos, a dissociação não é completa. Esta observação também pode ser feita através da medição dos valores das propriedades osmóticas. O valor da pressão osmótica da solução resultante da medição é menor do que o calculado teoricamente para a dissociação completa.

O grau de dissociação ou grau de ionização de um eletrólito é a proporção de moléculas dissolvidas que são convertidas em iões, normalmente expressa em percentagem (%). Quanto maior for o grau de desintegração de um eletrólito, mais forte ele é considerado. Com base neste critério, os electrólitos podem ser classificados como fracos (baixa dissociação), fortes (dissociação próxima de 100%), moderadamente fortes, etc.

No caso dos sais, as suas dimensões são perfeitas, mas o valor das propriedades coesivas das suas soluções não corresponde a 100% das suas dimensões. Este facto deve-se à atração entre os diferentes iões (atração interiónica). Assim, como o grau de separação real do sal é de 100%, a partir das propriedades coesivas verifica-se que não está completamente separado. Por esta razão, é introduzido um grau de separação aparente (menor do que o grau de separação real).

Van't Hoff introduziu um fator de correção i (fator de Van't Hoff ou coeficiente isotónico), que mostra a razão entre o valor de uma propriedade cumulativa da solução electrolítica e o valor que apareceria no caso em que a solução não apresentasse dissociação electrolítica:

$$i = \frac{\Delta P_{el}}{\Delta P} = \frac{\Delta P_{bel}}{\Delta T_b} = \frac{\Delta T_{fel}}{\Delta T_f} = \frac{\Pi_{el}}{\Pi}$$

Conhecendo o coeficiente isotónico de uma solução, é possível aplicar as fórmulas das propriedades cumulativas também para soluções electrolíticas (como, por exemplo, $\Delta T\ f_{el} = i\text{-}\Delta T_f$). Entre o grau de dimensão α e o coeficiente i existe a relação:

$$\alpha = \frac{i-1}{n-1}$$

em que n é o número de iões em que se divide a molécula do eletrólito (por exemplo, para o NaCl n = 2 e para o $MgCl_2$ n = 3). Nos casos acima referidos, o grau de dissociação é evidente.

A partir da relação acima, pode-se calcular o grau de dissociação, quando o valor do coeficiente i é conhecido (ou determinado a partir das propriedades osmóticas). Como se torna imediatamente evidente, o coeficiente i para electrólitos fortes tende a assumir o valor de n. No entanto, o fator I permanece menor, quer porque a dissociação não é de 100%, quer devido a atracções interiónicas.

De acordo com os dados anteriores, a dissociação de ácidos e bases em água é uma reação bidirecional:

$$HA + H_2O \rightleftharpoons H O_3^+ + A^-$$

$$MOH \rightleftharpoons M^+ + OH^-$$

A constante de dissociação do ácido será:

$$k = \frac{C_{H_3O^+} \cdot C_{A^-}}{C_{AH}}$$

O recíproco do logaritmo decimal da constante de equilíbrio representada por pK (pK = - logk) é a medida da força do ácido. É de notar que quanto maior for o valor de k, menor será o valor de pK e mais forte será o ácido. Com base nos valores de pk, os ácidos distinguem-se em muito fracos com valores de pK > 3, ou seja, k < 10^{-3} , fracos com 3 > pK > 1 ou 10^{-3} < k < 0,1 valores, moderados com 1 > valores de pK > -1 ou 0,1 < k < 10, fortes com valores -1 > pK > -3 ou 10 < k < 1000 e muito fortes com valores -3 < pK ou k > 1000.

De forma correspondente, existe também a constante de dissociação ou ionização das bases:

$$k_b = \frac{C_{M^+} \cdot C_{OH^-}}{C_{MOH}}$$

Além disso, existe também o valor pK_b = - $logk_b$. Entre a constante de dissociação dos ácidos e bases k e o seu grau de dissociação α surge a relação:

$$k = \frac{a^2 \cdot C_o}{1 - a}$$

onde o valor C_0 é a concentração do eletrólito sem ter em conta a sua dimensão. Se, no entanto, se tiver em conta que a constante k varia apenas com uma mudança de temperatura e não de concentração, segue-se que se a concentração C_0 for diminuída por diluição, α deve ser aumentado, de modo a que k permaneça constante. Este fenómeno é expresso pela lei de diluição de Ostwald. De acordo com esta lei, o grau de dissociação electrolítica aumenta quando a concentração da solução electrolítica diminui, e tende para a unidade quando a concentração tende para zero.

Assim, o ácido acético muito fraco ($CH_3\,COOH$) com $k = 1{,}75 - 10^{-5}$ (25° C) apresenta para $C_0 = 0{,}1$ um grau de dissociação de 1,35% ($\alpha = 0{,}0135$), para $C_0 = 0{,}02$ grau de dissociação 3%, para $C_0 = 0{,}01$ cerca de 4%, para $C_0 = 0{,}001$ cerca de 12%, para $C_0 = 0{,}0001$ cerca de 33%.

2.2 Autodeterminação da água - pH

Medições precisas mostram que mesmo a água pura apresenta um pequeno grau de dissociação em iões, de acordo com a reação:

$$H_2\,O + H_2\,O \rightleftharpoons H\,O_3^+ + OH^- \text{ ou}$$

$$H_2\,O \rightleftharpoons H^+ + OH^-$$

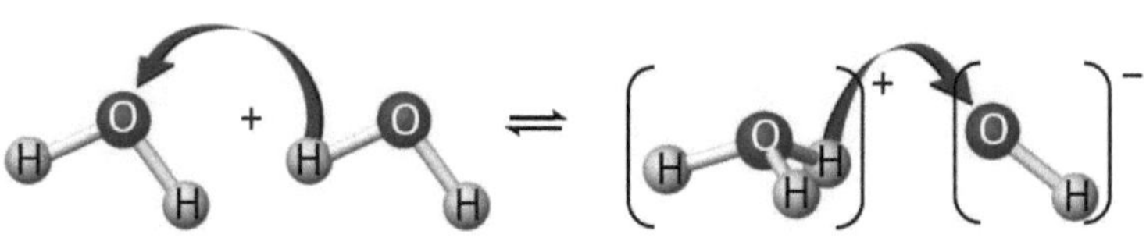

De acordo com a reação química acima descrita, a água aparece simultaneamente como um ácido fraco e uma base fraca. O grau de dissociação a 25° C é apenas $\alpha = 1{,}83 \times 10^{-9}$.

A constante de dissociação da água pode ser calculada a partir da seguinte relação:

$$k_w = \frac{C_{H^+} \cdot C_{OH^-}}{C_{H_2O}}$$

e porque a dimensão é pequena, logo, a concentração de água é constante e igual a 55,5 moles / lt), temos a 25° C:

$$k_w = C_{H^+} \cdot C_{OH^-} \text{ ή}$$

$$k_w = [H^+] \cdot [OH^-] = 10^{-14}(gr \cdot ion/lt)^2$$

Quando um ácido é dissolvido em água, a concentração de protões aumenta devido à dissociação do ácido. No entanto, de acordo com a Cinética Química, como mencionado na experiência anterior, a constante k permanecerá a mesma (desde que a temperatura não se altere). Ou seja, mais uma vez a relação se aplica: $k_w = [H^+] \cdot [OH^-] = 10^{-14}(gr \cdot ion/lt)^2$. Isto significa que um aumento da concentração de protões $[H^+]$ leva a uma diminuição da concentração de aniões hidroxilo $[OH^-]$. O contrário acontece quando uma base é dissolvida na água. De acordo com a reação de dissociação da água apresentada anteriormente, em água pura isso será verdade:

$$[H^+] = [OH^-] = 10^{-7}(gr \cdot ion/lt)^2$$

Durante a dissolução ácida, a concentração de H^+ aumenta e a concentração de OH^- diminui, respetivamente, ou seja, $[H^+] > 10^{-7}$ (gr · íon / lt) e $[OH^-] < 10^{-7}$ (gr · íon / lt) (a 25° C). Tal solução exibe um número de propriedades características, que são chamadas de ácidas.

Durante a dissolução da base, a concentração de OH^- aumenta e a concentração de H^+ diminui respetivamente, ou seja, $[H^+] < 10^{-7}$ (gr ·

íon / lt) e $[OH^-] > 10^{-7}$ (gr · íon / lt) (a 25º C). Tal solução exibe um número de propriedades características, que são chamadas de básicas.

Para caraterizar mais facilmente uma solução em termos da sua concentração de protões, utilizamos o pH. O pH é definido como o inverso do logaritmo decimal da concentração de protões, ou seja, é verdade que: $pH = - \log [H^+]$.

Assim, p(OH) é definido como o inverso do logaritmo decimal da concentração do ião hidroxilo: $p(OH) = - \log[OH^-]$. Como se depreende imediatamente das relações anteriores, será verdade que: pH + p(OH) = 14 a 25 C.º

Para determinar se e em que medida uma solução apresenta propriedades ácidas ou básicas, é suficiente conhecer a concentração dos seus protões. Para uma temperatura de 25 °C:

1) Se $[H^+] > 10^{-7}$ (gr · íon / lt) ⇔ pH < 7: solução ácida.

2) Se $[H^+] = 10^{-7}$ (gr · íon / lt) ⇔ pH = 7: solução neutra.

3) Se $[H^+] < 10^{-7}$ (gr · íon / lt) ⇔ pH > 7: solução básica (ou alcalina).

Os valores de pH de várias soluções encontram-se na figura seguinte (**Figura-1.2**). Como já foi referido, os valores acima são válidos para uma temperatura de 25º C. No entanto, como sabemos, o valor da constante de equilíbrio k de uma reação bidirecional altera-se quando a temperatura muda. No caso do autodimensionamento da água, à medida que a temperatura aumenta, k_W (e o seu grau de dimensionamento) também aumenta. Consequentemente, o pH medido diminui, como mostra a tabela seguinte (**Tabela-1.1**). O pH, no entanto, foi previamente definido para 25º C. Para água ou soluções aquosas com uma temperatura diferente de 25º C , referimo-nos ao pH aparente . Assim, na última coluna da tabela seguinte temos, para várias temperaturas, valores de pH aparente de soluções neutras ou de água pura. Por exemplo, a uma temperatura de 60º C mediríamos pH = 6,5 e seria errado assumir que se trata de uma solução ácida porque pH < 7. As desigualdades para soluções ácidas e básicas referem-se a 25º C. A esta temperatura forma-se a escala de pH com valores de 0 a 14 (escala de Sörensen):

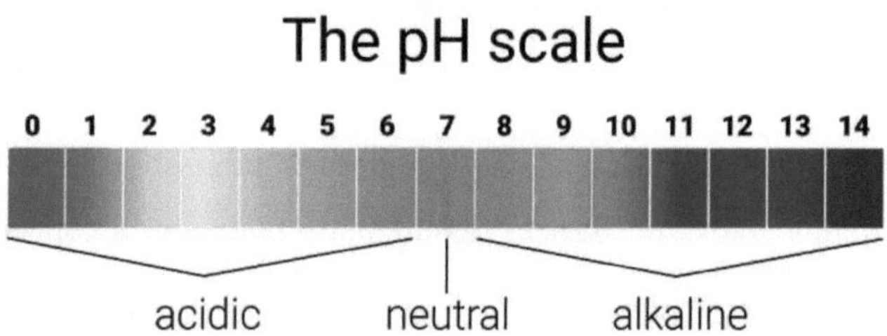

O pH aparente para diferentes temperaturas de 25º C deve ser reduzido para real, a fim de poder tirar conclusões com base na escala acima. Isto pode ser feito facilmente utilizando a Tabela-1.1. Por exemplo, pH = 7 a uma temperatura de 80º C corresponderá a um pH real (25º C): 7 × 7/6,3 = 7,78, em que: 7 = o valor aparente para uma temperatura de 80º C e 7/6, 3 a razão entre o valor do pH de uma solução neutra a 25º C e o valor de uma solução neutra a 80º C. Exatamente da mesma forma, procede-se à redução para a escala de Sörensen do pH aparente de soluções não aquosas:

$$pH = pH_{ap} \cdot \frac{7}{pH_{ap,neut}}$$

em que o valor de pH_{ap} é o pH aparente e $pHap_{,neut}$ é o valor de pH_{ap} para uma solução neutra nas condições em que o pH_{ap} foi medido.

A determinação do pH de uma solução é muito importante. Esta medição pode ser efectuada com suficiente precisão por colorimetria . Este método baseia-se na alteração da cor de certas substâncias orgânicas (indicadores) devido a uma alteração da concentração de protões. Como atualmente se utiliza papel poroso impregnado com vários marcadores, este método é rápido e muito fácil de utilizar. Para uma medição exacta do pH, estão disponíveis instrumentos especiais (medidores de pH, instrumentos de medição electrónicos).

Representative pH values

Substance	pH
Stomach Acid	1.5 - 2.0
Cola	2.5
Vinegar	2.9
Orange Juice	3.5
Coffee	5.0
Healthy Skin	5.0
Urine	6.0
Pure Water	7.0
Health Human Saliva	6.5 - 7.4
Blood	7.3 - 7.5
Seawater	7.7 - 8.3
Baking Soda	8.4
Hand Soap	9.0 - 10.0
Bleach	12.5

Figura-1.2: Os valores de pH de várias soluções.

Tabela-1.1: Os valores de K_w , $[H^+]$, $[OH^-]$ e pH da água pura a várias temperaturas.

Temperatura (° C)	K_w (x 10)$^{-14}$	$[H^+] = [OH^-]$ (x 10)$^{-7}$	pH
0	0.11	0.33	7.48
10	0.30	0.54	7.27
20	0.69	0.83	7.08
25	1.00	1.00	7.00
30	1.48	1.20	6.92
40	2.95	1.70	6.77
60	9.55	3.09	6.51
80	25.1	5.01	6.30
100	55.0	7.41	6.13

2.3 Indicadores electrolíticos

Um indicador eletrolítico é uma solução electrolítica de uma substância cuja principal caraterística é mudar de cor (dentro de um determinado valor) quando o pH muda. O indicador é um composto orgânico fracamente ácido ou básico, cujas moléculas indistinguíveis têm uma cor diferente da dos iões (isto deve-se geralmente a um rearranjo intermolecular, durante o qual aparecem novos cromóforos). Esta caraterística torna o indicador muito útil para calcular o pH de qualquer solução.

A gama de pH em que se observa a mudança de cor, ou seja, a gama em que o indicador é utilizado, é de aproximadamente 2 unidades de pH (pK ± 1). Isto significa que são necessários vários indicadores para cobrir toda a gama de valores de pH da solução (**Figura 1.3**). Indicadores como os da Tabela 1.2 não fornecem precisão suficiente na medição do pH, uma vez que a coloração ocorre numa gama de cerca de

2 unidades. Por conseguinte, se for necessária uma maior exatidão, deve ser utilizada uma mistura de indicadores adequados, de modo a que a tonalidade da cor mude acentuadamente em valores de pH específicos (indicador misto).

São também utilizadas misturas de outros indicadores para cobrir uma gama mais vasta de pH. Estes mudam para várias cores em resposta a alterações do pH. Tais indicadores são misturas de "vermelho de metilo, α-naftaleno, timolftaleína, fenolftaleína e cianeto de bromofenol", que cobrem a gama de pH 4 - 11 e são designados por indicadores gerais. Para a medição direta, prática e aproximada do pH, utilizam-se indicadores (tiras gerais ou específicas, consoante as tiras) embebidos em papel (**figura 1.3**). Por fim, no laboratório, são utilizados aparelhos electrónicos para medir o pH com precisão e obter imediatamente os valores de pH (figura **1.4**).

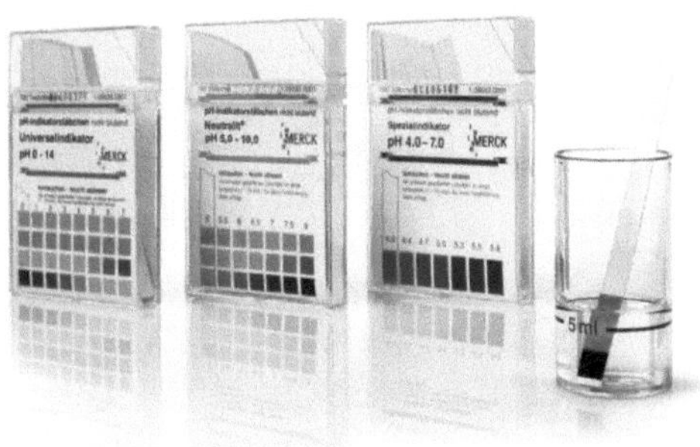

Figura-1.3: Índices de pH específico e global (0 - 14).

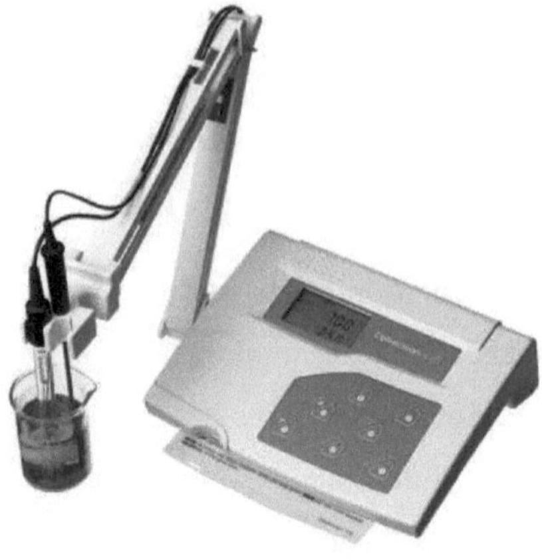

Figura-1.4: Medidor eletrónico de pH.

Tabela-1.2: As regiões de mudança de cor do pH dos vários indicadores electrolíticos.

Índice	Gama de pH (~ pK ± 1)	Cor em pH < pK - 1	Cor em pH > pK + 1
Violeta de metilo	0.8 - 3	Ciano	Violeta
Laranja de metilo	3.1 - 4.4	Vermelho	Cor de laranja
Vermelho de metilo	4.2 - 6.3	Vermelho	Amarelo
p - nitro -fenol	5.8 - 7.4	Incolor	Amarelo
Litmus	6.5 - 8.3	Vermelho	Azul
Vermelho crioulo	7.2 - 8.8	Amarelo	Vermelho
Fenolftaleína	8.3 - 10	Incolor	Vermelho
Amarelo de alizarina	10.2 - 12.3	Amarelo	Cor de laranja

Dissulfonato de índio	11.2 - 13.9	Azul	Amarelo

2.4 Hidrólise de sais

A reação de dissociação de um sal dissolvido em água é unidirecional: $KA \rightarrow K^+ + A^-$. No entanto, isto não exclui a possibilidade de uma reação entre um dos iões e as moléculas de água. Se tivermos em conta as teorias dos electrólitos de Brönsted - Lowry e Lewis, K^+ é considerado um ácido e A^- uma base, uma vez que H_2O é considerado um reagente e não um simples solvente. A reação da água com pelo menos um dos iões do sal é designada por hidrólise.

Em geral, durante a hidrólise ocorrem as reacções:

$$K^+ + 2H_2O \rightleftharpoons KOH + HO_3^+$$

$$A^- + H_2O \rightleftharpoons AH + OH^-$$

Somando as duas reacções anteriores, obtém-se a reação total:

$$K^+ + A^- + H_2O \rightleftharpoons KOH + AH.$$

Nesta formulação, a hidrólise é apresentada como o oposto da neutralização, o que é aceite pela teoria de Arrhenius das dimensões electrolíticas. As reacções bidireccionais acima referidas nem sempre ocorrem. A importância das reacções para a direita é teórica, especialmente quando o ácido ou a base no estado não perturbado é um eletrólito forte. Distinguimos os seguintes quatro casos possíveis (**Tabela-1.3**):

(1) Dissolução de sais de ácidos fortes e de bases fortes.

Um exemplo desta categoria é o cloreto de sódio (NaCl). Neste caso, não há hidrólise, uma vez que não são criadas moléculas de ácido forte ou de base forte sem dimensão na água (a dissociação do HCl e do NaOH é completa). A solução parece neutra.

(2) Dissolução de sais de ácidos fracos e de bases fortes.

Um exemplo desta categoria é o acetato de sódio (CH_3 COONa). Neste caso, não são criadas moléculas adimensionais de uma base forte (NaOH), pelo que a reação correspondente não tem lugar. No entanto, a reação seguinte tem lugar, razão pela qual a solução resultante é alcalina:

$$CH_3\,COO^- + H_2\,O \rightleftharpoons CH_3\,COOH + HO^-$$

A constante de hidrólise será:

$$k_h = \frac{C_{AH} \cdot C_{OH^-}}{C_{A^-}}$$

Se se tiver em conta que a concentração de água permanece praticamente constante, aplica-se o seguinte:

$$k_h = \frac{k_w}{k_a}$$

em que $k_w = [H^+] \cdot [OH^-] = 10^{-14}(gr \cdot ion/lt)^2$ a 25º C e k_α é a constante de dissociação ou ionização do ácido.

(3) Dissolução de sais de ácidos fortes e de bases fracas.

Um exemplo desta categoria é o cloreto de amónio (NH_4 Cl). Neste caso, não são criadas moléculas de ácido forte sem dimensão (HCl), pelo que a reação correspondente não tem lugar. No entanto, a reação seguinte tem lugar, razão pela qual a solução resultante é ácida:

$$NH_4^+ + 2H_2O \rightleftharpoons NH_4OH + HO_3^+$$

A constante de hidrólise será:

$$k_h = \frac{C_{KOH} \cdot C_{H_3O^+}}{C_{K^+}}$$

Se se tiver em conta que a concentração de água permanece praticamente constante, aplica-se o seguinte:

$$k_h = \frac{k_w}{k_b}$$

em que $k_w = [H^+] \cdot [OH^-] = 10^{-14}(gr \cdot ion/lt)^2$ a 25º C e k_b é a constante de dissociação ou ionização da base.

(4) Dissolução de ácido fraco e sal de base fraca.

Um exemplo desta categoria é o brometo de amónio (NH_4Br). Neste caso, são criadas moléculas adimensionais de um ácido fraco (HBr) e moléculas adimensionais de uma base fraca (NH_4OH), pelo que ocorrem as duas reacções correspondentes. Por esta razão, a solução resultante pode ser ácida, básica ou neutra, dependendo das constantes:

$$NH_4^+ + 2H_2O \rightleftharpoons NH_4OH + HO_3^+$$

$$Br^- + H_2O \rightleftharpoons HBr + HO^- \text{ ou eq total } k_a = k_b$$

$$NH_4^+ + HBr + H_2O \rightleftharpoons NH_4OH + HO_3^+$$

Para a constante de hidrólise :

$$k_h = \frac{C_{KOH} \cdot C_{AH}}{C_{A^-} \cdot C_{K^+}} \cdot \frac{C_{H^+} \cdot C_{OH^-}}{C_{H^+} \cdot C_{OH^-}} \Rightarrow k_h = \frac{k_w}{k_a \cdot k_b}$$

em que k_α é a constante de ionização do ácido e k_b é a constante de ionização da base.

- Se $k_a > k_b$, o grau de dissociação do ácido é maior do que o da base e a solução é ácida.
- Se $k_a < k_b$, acontece o contrário e obtém-se uma solução alcalina.
- Finalmente, se $k_\alpha \cong k_b$, a solução é neutra.

Tabela-1.3: Para o pH de soluções aquosas de sais das 4 categorias.

Tipo de sal	pH da solução aquosa (a 25° C)
Ácido forte - base forte	7
Ácido forte - base fraca	<7
Ácido fraco - base forte	>7
Ácido fraco - base fraca	Depende do sal

Vale a pena notar que, nos electrólitos, ocorrem forças de atração eletrostática entre iões de cargas opostas. Estas são particularmente fortes no caso dos electrólitos fortes, que, como já foi referido, se dissociam completamente em iões (forças de Debye-Hückel). Como resultado, os iões do eletrólito forte comportam-se como se estivessem presentes numa concentração inferior à sua concentração real. Esta concentração aparente é designada por concentração efectiva ou atividade iónica. Nos electrólitos fracos, não há diferença entre a concentração real e a concentração efectiva.

3. Parte experimental

Objectivos da experiência:

Os objectivos da experiência são o estudo da mudança de cor dos indicadores electrolíticos (experiência A), a determinação do pH de várias soluções utilizando indicadores electrolíticos (experiência B), a determinação do pH de várias soluções utilizando papel de pH (experiência C), a determinação do pH de soluções utilizando um medidor eletrónico de pH (experiência D) e, finalmente, a determinação do pH de soluções salinas e o cálculo da extensão da sua hidrólise (experiência E).

Materiais e dispositivos necessários:

→ Solução aquosa de hidróxido de sódio (NaOH) de concentração C = 0,1 M

→ Solução aquosa de ácido clorídrico (HCl) de concentração C = 0,1 M

→ Solução aquosa de ácido acético (CH_3 COOH) concentração C = 1,0 M

→ Solução aquosa de acetato de sódio (CH_3 COONa) concentração C = 0,1 M

→ Solução aquosa de cloreto de amónio (NH_4 Cl) de concentração C = 1,0 M

→ Solução aquosa de bicarbonato de sódio ($NaHCO_3$) de concentração C = 1,0 M

→ Solução aquosa de cloreto de sódio (NaCl) de concentração C = 1,0 M

→ Solução desconhecida A

→ Solução desconhecida B

→ Solução desconhecida C

→ Água desionizada (H_2 O)

→ Indicador azul de timol (C H O_{27305} S)

→ Indicador laranja de metilo ou heliantina (C H N_{14143} NaO_3 S)

→ Indicador vermelho de metilo (C H N O $)_{151532}$

→ Indicador azul de bromotimol (C H_{2728} Br O_{25} S)

→ Indicador vermelho de fenol (C H O_{19145} S)

→ Indicador fenolftaleína (C H O)$_{20144}$

→ Medidor de peso

→ Sifões numerados e poir

→ Enchimento de sifões e vertedores

→ Pipetas Pasteur e poir

→ Papel de pesagem

→ Copos de 100 ml

→ Cilindros volumétricos

→ Tubos de ensaio e suportes

→ Vareta de agitação

→ Vidro de relógio

Procedimento experimental:

A. Estudo da mudança de cor dos indicadores electrolíticos

ml são introduzidos em 12 tubos de ensaio com água desionizada (H_2O). Os tubos de ensaio são divididos em dois grupos com 6 tubos de ensaio por grupo. No primeiro grupo, são adicionadas 1-2 gotas de uma solução aquosa de ácido clorídrico (HCl) com uma concentração de C = 0,1 M. No segundo grupo, adicionam-se 1 - 2 gotas de uma solução aquosa de hidróxido de sódio (NaOH) de concentração C = 0,1 M. De seguida, adicionam-se 5-6 gotas do primeiro indicador a um tubo que contenha HCl e a outro que contenha NaOH. Este processo é repetido para os restantes pares de tubos de ensaio, utilizando sempre um marcador diferente. As observações sobre as mudanças de cor dos indicadores são anotadas e a tabela seguinte é preenchida (**Tabela-1.4**).

Tabela-1.4: Mudanças de cor causadas pelos indicadores em soluções ácidas e básicas.

Índice	Cor com HCl	Cor com NaOH
Cianeto de timol		
Laranja de metilo ou heliantina		
Vermelho de metilo		
Ciano de bromotimol		
Vermelho de fenol		
Fenolftaleína		

B. Determinação do pH das soluções por meio de indicadores electrolíticos

Introduzem-se 5 ml da solução desconhecida A em 6 tubos de ensaio e 5 ml da solução desconhecida B noutros 6 tubos de ensaio. De seguida, num tubo com a solução desconhecida A e noutro com a solução desconhecida B, adicionam-se 5 a 6 gotas do primeiro índice. Este processo é repetido para os restantes pares de tubos de ensaio, utilizando sempre um marcador diferente. Anotam-se as observações sobre as mudanças de cor dos indicadores e preenche-se a tabela seguinte para determinar o pH das soluções desconhecidas A e B (**Tabela-1.5**).

Tabela-1.5: Determinação do pH das soluções desconhecidas A e B utilizando indicadores electrolíticos.

Índice	Cor da solução	Gama de pH
Solução A		
Cianeto de timol		
Laranja de metilo ou heliantina		
Vermelho de metilo		
Ciano de bromotimol		
Vermelho de fenol		
Fenolftaleína		
pH da solução A:		
Solução B		
Cianeto de timol		
Laranja de metilo ou heliantina		
Vermelho de metilo		
Ciano de bromotimol		
Vermelho de fenol		
Fenolftaleína		
pH da solução B:		

C. Determinação do pH de soluções com papel de pH

do papel de medição e colocados num vidro de relógio, com a parte curva virada para cima. Os pedaços de papel são colocados o mais afastados possível. Com a ajuda de uma vareta de agitação, adicionam-se 1-2 gotas de água desionizada a um dos pedaços de papel do medidor de pH e observa-se a cor que o papel adquire imediatamente após a adição acima referida. Este procedimento é repetido para as soluções desconhecidas A, B e C. Observe as mudanças de cor do papel de pH com a adição de cada solução e complete a tabela seguinte para determinar o pH da água desionizada e das soluções desconhecidas A, B e C (**Tabela-1.6**).

Tabela-1.6: As mudanças de cor causadas pelas soluções no papel de pH e o pH correspondente determinado.

Solução	Cor do papel de medição	pH
Água desionizada		
Solução desconhecida A		
Solução desconhecida B		
Solução desconhecida C		

D. Determinação do pH das soluções com um medidor eletrónico de pH

Introduzem-se 70 ml de uma solução de ácido acético (CH_3COOH) de concentração C = 1,0 M (solução A) num copo de 100 ml. Preparam-se duas soluções (B e C) a partir desta solução. Para preparar a solução B, misturar 25 ml da solução A com 25 ml de água desionizada (H_2O). Para preparar a solução C, misturar 15 ml da solução A e 35 ml de água desionizada (H_2O). Em seguida, determina-se o pH das soluções A, B e C com um medidor de pH. É importante notar que, antes de cada medição, o medidor de pH é ajustado com soluções tampão, seguindo as instruções do fabricante. Os eléctrodos dos hidrómetros devem ser imersos em água desionizada. Antes de cada medição, os eléctrodos devem ser bem lavados com água desionizada e, com a ajuda de um papel absorvente, devem ser bem limpos com cuidado para não se partirem. O procedimento para medir o pH de cada solução é o seguinte:

A. O elétrodo é retirado da água, lavado com água desionizada e limpo com papel absorvente.

B. O elétrodo é imerso na solução cujo pH se pretende medir.

C. Depois de a leitura do pH estabilizar e o seu valor ser registado, o elétrodo é lavado com água desionizada e inserido na sua solução original.

Anote as observações para medir o pH de cada solução e preencha a tabela seguinte (**Tabela-1.7**).

Tabela-1.7: Determinação do pH de soluções utilizando um medidor eletrónico de pH.

Solução	Molaridade	pH	pH em dimensão real	ácido pK
A				
B				
C				

E. Determinação do pH de soluções salinas e cálculo do seu grau de hidrólise

do papel de medição e colocados num vidro de relógio, com a parte curva virada para cima. Os pedaços de papel são colocados o mais afastados possível. Com a ajuda de uma vareta de agitação, adicionar 1-

2 gotas de uma solução aquosa de acetato de sódio (CH_3 COONa), com uma concentração de C = 0,1 M, a um dos pedaços de papel do medidor de pH e observar a cor que o papel adquire imediatamente após a adição acima referida. Repete-se este procedimento para as soluções aquosas de cloreto de amónio (NH_4 Cl) de concentração C = 1,0 M, de bicarbonato de sódio ($NaHCO_3$) de concentração C = 1,0 M e de cloreto de sódio (NaCl) de concentração C = 1,0 M. Anotam-se as observações sobre as mudanças de cor do papel de pH com a adição de cada solução e preenche-se a tabela seguinte para determinar o pH das soluções, bem como as correspondentes reacções de hidrólise (**Tabela-1.8**).

Tabela-1.8: Determinação do pH de soluções salinas e das respectivas reacções de hidrólise.

Solução	Cor	pH teórico	pH experimental	Hidrólise
CH_3 COONa				
NH_4 Cl				
$NaHCO_3$				
NaCl				

Reacções-Propriedades-Observações:

1) A reação de equilíbrio entre a forma ácida e a forma básica do indicador alaranjado de metilo ou, de outro modo, heliantina (C H N_{14143} NaO_3 S) é a seguinte

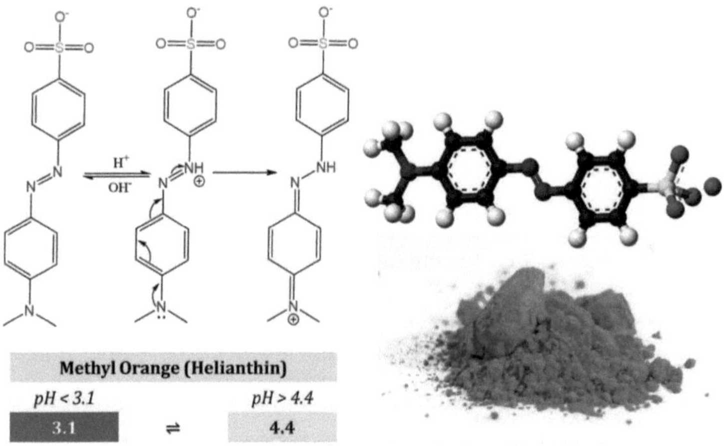

2) A reação de equilíbrio entre a forma ácida e a forma básica do indicador vermelho de metilo (C H N$_{151532}$) Oé a seguinte

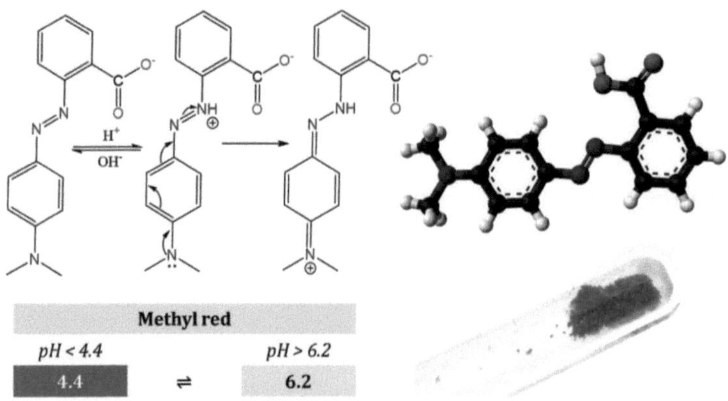

3) A reação de equilíbrio entre as formas ácida e básica do indicador azul de timol (C H O$_{27305}$ S) é a seguinte

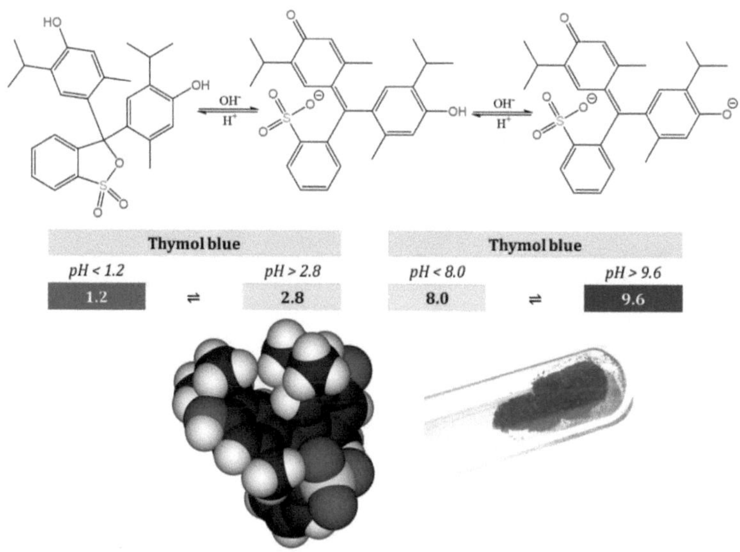

4) A reação de equilíbrio entre as formas ácida e básica do indicador azul de bromotimol (C H_{2728} Br O_{25} S) é como se segue:

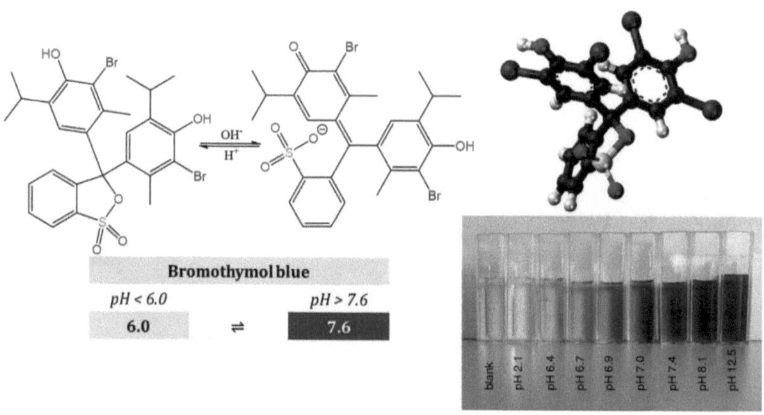

5) A reação de equilíbrio entre as formas ácida e básica do indicador vermelho de fenol (C H O_{19145} S) é a seguinte

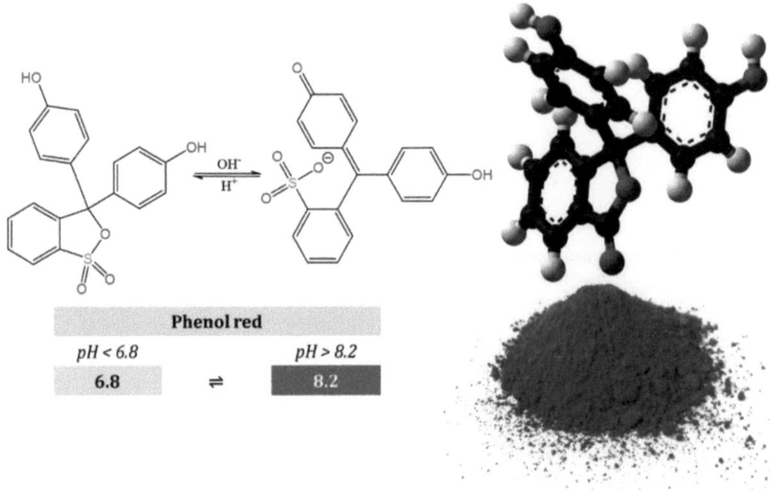

6) A reação de equilíbrio entre a forma ácida e a forma básica do indicador fenolftaleína (C H O_{20144}) é a seguinte

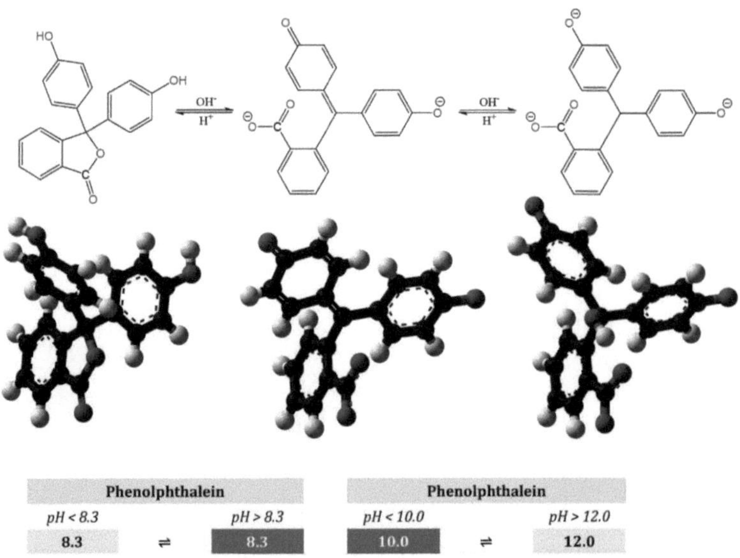

7) A reação de dissociação do ácido acético (CH_3 COOH) em água (H_2 O) é a seguinte

$$CH_3COOH_{(aq)} + H_2O_{(l)} \rightleftharpoons CH_3COO^-{}_{(aq)} + H_3O^+{}_{(aq)}$$

8) A reação de dissociação do acetato de sódio (CH_3 COONa) em água (H_2 O) é a seguinte

$$CH_3COONa_{(aq)} \rightarrow CH_3COO^-{}_{(aq)} + Na^+{}_{(aq)}$$

9) A reação de dissociação do cloreto de amónio (NH_4 Cl) em água (H_2 O) é a seguinte

$$NH_4Cl_{(aq)} \rightarrow NH_4{}^+{}_{(aq)} + Cl^-{}_{(aq)}$$

10) A reação de dissociação do bicarbonato de sódio ($NaHCO_3$) em água (H_2 O) é a seguinte

$$NaHCO_{3(aq)} + H_2O_{(l)} \rightarrow NaOH_{(aq)} + H_2O_{(l)} + CO_{2(g)}$$

11) A reação de dissociação do cloreto de sódio (NaCl) em água (H_2 O) é a seguinte

$$NaCl_{(aq)} \rightarrow Na^+{}_{(aq)} + Cl^-{}_{(aq)}$$

12) A tabela seguinte (**Tabela-1.9**) apresenta as propriedades físicas dos compostos da presente experiência.

Tabela-1.9: Propriedades físicas dos compostos.

Composto	Peso molecular (gr/mol)	Ponto de ebulição (C)º	Ponto de fusão (C)º	Densidade (gr/ml)
NaOH	40.00	1388.0	323.0	2.130
HCl	36,46	110.0	-27.3	1.100
CH_3 COOH	60.05	118.0	16.0	1.049
CH_3 COONa	80.03	881.4	324.0	1.528
NH_4 Cl	53.49	520.0	338.0	1.519
$NaHCO_3$	84.01	851.0	50.0	2.200
NaCl	58.44	1465.0	801.0	2.160
C H O S_{27305}	466.59	580.5	221.0	1.300
C H N_{14143} NaO S_3	327.33	590.0	300.0	1.280
C H N O_{151532}	269.30	412.4	179.0	0.791
C H_{2728} Br O S_{25}	624.38	614.3	202.0	1.250
C H O S_{19145}	354.38	562.8	300.0	1.445
C H O_{20144}	318.33	557.8	258.0	1.277

13) A tabela seguinte (**Tabela-1.10**) mostra as gamas de pH de mudança de cor dos indicadores electrolíticos da presente experiência.

Tabela-1.10: As gamas de pH de mudança de cor dos indicadores electrolíticos.

Índice	Tipo molecular	Região de alteração do pH
Cianeto de timol	C H O S_{27305}	1,2 - 2,8 e 8,0 - 9,6
Laranja de metilo ou Heliantina	C H N_{14143} NaO S_3	3.1 - 4.4
Vermelho de metilo	C H N O_{151532}	4.4 - 6.2
Ciano de bromotimol	C H_{2728} Br O S_{25}	6.0 - 7.6
Bem feito de fenol	C H O S_{19145}	6.8 - 8.2
Fenolftaleína	C H O_{20144}	8.3 - 10.0

4. Perguntas

1. Escreve as tuas observações durante o processo experimental.

2. Completar os quadros correspondentes às experiências efectuadas.

3. Com base nas suas conclusões sobre os indicadores que utilizou, preveja qual seria a cor de uma solução com pH 6 se lhe fosse adicionado cada um dos indicadores que utilizou na experiência.

4. Escreva as equações matemáticas que dão o valor do pH das soluções aquosas dos sais que utilizou (experiência E).

5. Explicar os desvios observados no valor do pH da experiência E.

6. Se, na experiência E, as concentrações de sal forem reduzidas para metade, o que acontecerá aos valores de pH? Justifique.

7. Determinar o pH de uma solução de cianeto de sódio (NaCN) com uma concentração de 0,01 M. Para o cianeto de hidrogénio (HCN), a constante de ionização é dada por $K_a = 10^{-10}$ e para a água $K_w = 10^{-14}$.

8. Quantos gramas de acetato de sódio (CH_3COONa) devem ser dissolvidos em 500 mL de água, sem alteração de volume, para preparar uma solução com pH = 9? Para o ácido acético (CH_3COOH), a constante de ionização é dada por $K_a = 10^{-5}$ e para a água $K_w = 10^{-14}$.

9. Misturamos três soluções, uma solução de $Ca(OH)_2$ 0,01 M de volume 200 mL, outra solução de NaOH 0,01 M de volume 400 mL e uma terceira solução de HCl 0,0225 M de volume 400 mL e obtemos uma solução de volume 1 L. Qual o pH da solução final?

5. Bibliografia

1. Enderby, JE; Neilson, GW (**1981**). "A estrutura das soluções de electrólitos". Relatórios sobre o progresso da física. 44 (6): 593–653. doi:10.1088/0034-4885/44/6/001.

2. Petrovic, Slobodan (**2020**). Curso intensivo de tecnologia de baterias: uma introdução concisa. ISBN 978-3-030-57269-3.

3. Winie, Tan? Arof, Abdul K.; Thomas, Sabu (**2020**). Eletrólitos de polímero: Técnicas de caraterização e aplicações de energia. John Wiley & Sons. ISBN 978-3-527-34200-6.

4. M Andreev; JJ de Pablo? A Chremos ? JF Douglas (**2018**). "Influência da solvatação de íons nas propriedades das soluções eletrolíticas". O Jornal de Química Física B. 122: 4029-4034. doi: 10.1021 / acs.jpcb .8b00518.

5. Wilkins, Lippincott Williams ed. (**2007**). Fluidos e electrólitos. Lippincott Williams & Wilkins. ISBN 978-1-58255-923-0.

6. Harris, William; Levey, Judith, eds. (**1975**). The New Columbia Encyclopedia (4th ed.). Cidade de Nova Iorque: Universidade de Columbia. p. 155. ISBN 978-0-231035-729.

7. Cillispie , Charles, ed. (**1970**). Dicionário de Biografia Científica (1st ed.). New York City: Charles Scribner's Sons. pp. 296-302. ISBN 978-0-684101-125.

2

Preparação do tampão

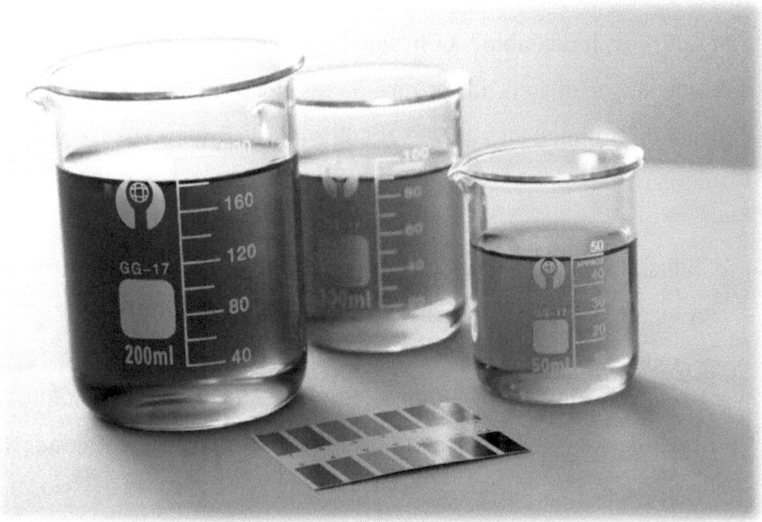

Uma solução tampão é uma solução à qual, se for adicionada uma quantidade pequena mas calculável de uma base forte ou de um ácido forte, o seu pH não se altera.

1. Introdução

Uma solução-tampão ou sistema-tampão é uma solução mista de electrólitos com um pH definido, praticamente independente da diluição da solução e não afetado pela adição de pequenas quantidades de ácido ou base. Estas soluções são geralmente uma solução aquosa mista de um ácido ou base fracos e do seu sal (por exemplo, CH_3 COOH + CH_3 COONa). Os ácidos (ou bases) diluídos são fracos e, por isso, apresentam um pequeno grau de dissociação e, consequentemente, uma pequena concentração de iões:

$$HA \rightleftharpoons H^+ + A^-$$

O sal correspondente apresenta uma dissociação completa e, portanto, uma elevada concentração de iões:

$$MA \rightarrow M^+ + A^-$$

Assim, obtém-se finalmente uma pequena concentração de protões (H^+) e uma concentração relativamente elevada de iões A^- . Se uma pequena quantidade de um ácido for adicionada à solução, o H^+ produzido pela dissociação reagirá com os iões A^- para HA, pelo que a constante de equilíbrio da reação não se altera:

$$K = \frac{[H^+][A^-]}{[HA]}$$

Como resultado, o pH é mantido praticamente constante (variação mínima) (exatamente o mesmo fenómeno ocorre no caso de soluções tampão de bases fracas e seus sais). Naturalmente, o que precede também se aplica quando são adicionadas pequenas quantidades de ácidos e bases. Por exemplo, uma solução de ácido acético (CH_3 COOH) e acetato de sódio (CH_3 COONa) é uma solução tampão. Do mesmo modo, uma solução de ácido bórico (H_3BO_3) e tetraborato de sódio (bórax, Na H B_{2449}) Oé uma solução-tampão. É de notar que o valor exato do pH de uma solução-tampão depende da relação entre a concentração do ácido (ou da base) e do seu sal. O papel do tampão é válido no intervalo pH = pK ± 1.

2. Teoria

A importância dos tampões em muitos domínios da ciência é indiscutível. A investigação sobre macromoléculas biológicas (por exemplo, ADN) mostra que uma alteração significativa do pH pode desordenar a estrutura molecular. Mais especificamente, a protonação ou desprotonação de grupos funcionais pode potencialmente iniciar reacções deletérias. Compreende-se que nos sistemas biológicos há uma necessidade imensa de atenuar as alterações de pH. Por esta razão, são utilizadas soluções tampão.

2.1 Definição de buffers

As soluções-tampão são as soluções aquosas que têm a propriedade de manter o seu pH praticamente constante, quando lhes é adicionada uma quantidade pequena, mas calculável, de um ácido forte ou de uma base forte. Além disso, uma solução tampão pode ser diluída dentro de certos limites sem alterar o seu pH .

Cada solução-tampão contém uma solução de um ácido fraco ou de uma base fraca e um sal do ácido ou da base, respetivamente. Assim, cada solução-tampão contém um sistema conjugado de ácido fraco e base fraca com valores de concentração semelhantes. As concentrações dos componentes da solução devem ser comparáveis (ou seja, relativamente elevadas, 0,1 M - 1 M) para que a solução tenha uma capacidade tampão significativa, ou seja, uma elevada resistência às alterações de pH causadas pela adição de ácido, base ou pela diluição.

Um tampão resiste a alterações no pH quando é adicionada uma quantidade limitada de ácido forte ou de base forte porque "consome" o ácido ou a base adicionados. A forma ácida do par conjugado neutraliza as bases adicionadas, enquanto a forma básica do par conjugado neutraliza os ácidos adicionados.

2.2 Cálculo do pH de uma solução tampão - equação de Henderson - Hasselbalch

A equação de Henderson - Hasselbalch é a base para calcular o pH numa solução tampão. Considere um ácido fraco, HA.

$$HA \Leftrightarrow H^{+} + A^{-}$$

Por definição da constante de equilíbrio, K_a, temos que:

$$K_{\alpha} = \frac{[H^{+}][A^{-}]}{[HA]}$$

Logaritmando ambos os membros da equação, teremos:

$$K_{\alpha} = \frac{[H^{+}][A^{-}]}{[HA]} \Rightarrow$$

$$\Rightarrow \log K_{\alpha} = \log\frac{[H^{+}][A^{-}]}{[HA]} \Rightarrow \text{(I segue log (xy) = log (x) + log (y)}$$

$$\Rightarrow \log K_{\alpha} = \log[H^{+}] + \log\frac{[A^{-}]}{[HA]} \Rightarrow$$

$$\Rightarrow -\log[H^{+}] = -\log K_{\alpha} + \log\frac{[A^{-}]}{[HA]}$$

Henderson - Hasselbalch para ácido fraco (1):

Se uma solução for preparada a partir de um ácido fraco e da sua base conjugada, então a equação será:

$$pH = pK_\alpha + \log\frac{[A^-]}{[HA]}$$

Henderson - Hasselbalch para base do paciente (2):

Se uma solução é preparada a partir de uma base fraca B e do seu ácido conjugado, então a equação correspondente é:

$$pH = pK_a + \log\frac{[B]}{[BH^+]}$$

em que, pK_α corresponde ao ácido fraco BH^+.

Constatamos que:

- ⇨ A constante de equilíbrio K_α corresponde ao ácido que aparece no denominador em ambas as equações.
- ⇨ A base (A^- ou B) aparece no numerador em ambas as equações.
- ⇨ Se $[A^-] = [HA]$, então $pH = pK_\alpha$.

Para que as equações acima sejam válidas, as seguintes condições devem ser satisfeitas:

- ✓ A concentração do ácido HA, no equilíbrio, deve ser aproximadamente igual à concentração inicial do ácido.

✓ A concentração da base conjugada A^- , no equilíbrio, deve ser aproximadamente igual à concentração inicial da base.

Ou seja, as concentrações de HA e A^- não devem alterar-se. Isto não se aplica a soluções muito diluídas e a valores de pH extremos.

3. Parte experimental

Objectivos da experiência:

Os objectivos da experiência são a preparação de soluções tampão, a determinação do seu pH e o estudo da sua capacidade de tamponamento.

Materiais e dispositivos necessários:

→ Solução aquosa de hidróxido de sódio (NaOH) de concentração C = 0,1 M

→ Solução aquosa de ácido clorídrico (HCl) de concentração C = 0,1 M

→ Solução aquosa de ácido acético (CH_3 COOH) concentração C = 0,1 M

→ Solução aquosa de acetato de sódio (CH_3 COONa) concentração C = 0,1 M

→ Água desionizada (H_2 O)

→ Hidrómetro

→ Sifões numerados e poir

→ Pipetas Pasteur e poir

→ Copos de 100 ml e 250 ml

→ Cilindros volumétricos

Procedimento experimental:

Introduzem-se num copo de 250 ml (solução A) 20 ml de uma solução de ácido acético (CH_3COOH) com uma concentração de C = 0,1 M e 80 ml de uma solução de acetato de sódio (CH_3COONa) com uma concentração de C = 0,1 M. Num segundo copo de 250 ml (solução B), introduzem-se 50 ml de solução de ácido acético (CH_3COOH) e 50 ml de solução de acetato de sódio (CH_3COONa) . Num terceiro copo de 250 ml, introduzem-se 80 ml de solução de ácido acético (CH_3COOH) e 20 ml de solução de acetato de sódio (CH_3COONa) (solução C). Em seguida, determina-se o pH das soluções A, B e C com um medidor de pH, seguindo as instruções da experiência 6 (Electrólitos - Hidrólise dos sais). De seguida, cada solução é dividida em duas partes iguais. Numa das duas partes de cada solução, adicione 5 ml de uma solução aquosa de ácido clorídrico (HCl) com uma concentração de C = 0,1 M e na outra parte 5 ml de uma solução aquosa de hidróxido de sódio (NaOH) com uma concentração de C = 0,1 M. Anote as observações para medir o pH de cada solução e preencha a tabela seguinte (**Tabela-2.1**).

Tabela-2.1: Determinação do pH de soluções tampão com um medidor eletrónico de pH.

Solução	Molaridade do ácido	Molaridade do sal	pK Ácido	pH da solução inicial	pH após adição de ácido	pH após adição de base
A						
B						
C						

Reacções-Propriedades-Observações:

1) A reação de dissociação do ácido acético (CH_3 COOH) em água (H_2 O) é a seguinte

$$CH_3COOH_{(aq)} + H_2O_{(l)} \rightleftharpoons CH_3COO^-{}_{(aq)} + H_3O^+{}_{(aq)}$$

2) A reação de dissociação do acetato de sódio (CH_3 COONa) em água (H_2 O) é a seguinte

$$CH_3COONa_{(aq)} \rightarrow CH_3COO^-{}_{(aq)} + Na^+{}_{(aq)}$$

3) A equação de Henderson - Hasselbalch para a solução-tampão CH_3 COOH / CH_3 COO - é a seguinte:

$$pH = pK_a + log\frac{[CH_3COO^-]}{[CH_3COOH]}$$

4) O valor de pK_a para o ácido acético (CH_3 COOH é igual a pK_a = 4,75.

5) A tabela seguinte (**Tabela-2.2**) apresenta as propriedades físicas dos compostos da presente experiência.

Tabela-2.2: Propriedades físicas dos compostos.

Composto	Peso molecular (gr/mol)	Ponto de ebulição (° C)	Ponto de fusão (° C)	Densidade (gr/ml)
N aOH	40.00	1388.0	323.0	2.130

HCl	36,46	110.0	-27.3	1.100
CH_3 COOH	60.05	118.0	16.0	1.049
CH_3 COONa	80.03	881.4	324.0	1.528

4. Perguntas

1. Escreve as tuas observações durante o processo experimental.

2. Completa a tabela da experiência que realizaste.

3. Verifique a precisão e a fiabilidade das suas medições de pH.

4. Derivar a equação de Henderson - Hasselbalch para tampões ácido-sal e base-sal.

5. O ácido fosfórico (H_3 PO_4) é um ácido triprótico fraco cujas constantes de ionização sucessivas têm valores, K_{a1} = 7,1-10^{-3} , K_{a2} = 6,3-10^{-8} e K_{a3} = 4,4-10^{-13}. Qual dos seguintes sistemas conjugados ácido-base é o mais adequado para formar uma solução tampão com pH = 7,4? A) H_3 PO_4 , H_2 PO_4^- , B) H_3 PO , HPO_{44}^{2-}, C) H_2 PO_4^- , HPO_4^{2-} , D) H_3 PO_4 , PO_4^{3-} . Justifique a sua escolha.

6. Uma solução-tampão é obtida misturando 100 mL de uma solução aquosa de ácido fórmico (HCOOH) com uma concentração de C = 0,3 M e 100 mL de uma solução aquosa de hidróxido de sódio (NaOH) com uma concentração de C = 0,2 M. Uma segunda solução tampão é preparada misturando 100 mL de uma solução aquosa de amoníaco (NH_4 OH) com uma concentração C = 0,3 M e 100 mL de uma solução

aquosa de ácido clorídrico (HCl) com uma concentração C = 0,2 M. Calcular o pH das duas soluções tampão. Dado: $K_{a(HCOOH)} = 2\text{-}10^{-4}$, $Kb_{(NH4OH)} = 2\text{-}10^{-5}$, $K_w = 10^{-14}$.

7. Calcular o pH da solução obtida pela adição de 300 mL de uma solução aquosa de cloreto de amónio (NH_4 Cl) com uma concentração de C = 0,3 M a 150 mL de uma solução aquosa de hidróxido de sódio (NaOH) com uma concentração de C = 0,3 M. Para o NH_4 OH: $K_b = 10^{-5}$. $K = 10_w{}^{-14}$. Considere as abordagens adequadas.

5. Bibliografia

1. Skoog, Douglas A.; West, Donald M.; Holler, F. James; Crouch, Stanley R. (**2004**). Fundamentals of Analytical Chemistry (8th ed.). Belmont, Ca (EUA): Brooks/Cole. pp. 251-263. ISBN 0-03035523-0.

2. Poe, Henry N.; Senozan , NM (**2001**). "Equação de Henderson-Hasselbalch: Its History and Limitations". J. Chem. Educ. 78 (11): 1499-1503. Bibcode:2001 JChEd.. 78.1499P. doi:10.1021/ed078p1499.

3. Lawrence J. Henderson (**1908**). "Relativamente à relação entre a força dos ácidos e a sua capacidade de preservar a neutralidade". Am. J. Physiol. 21 (2): 173–179. doi:10.1152/ajplegacy.1908.21.2.173.

4. Hasselbalch, KA (**1917**). "Die Berechnung der Hydrogenszahl des Blutes aus der freien und gebundenenen Kohlensäure desselben , und die Sauerstoffbindung des Blutes als Funktion der Wassertsoffzahl ". Biochemische Zeitschrift . 78: 112-144.

5. J. Gordon Betts (**2022**). "Compostos inorgânicos essenciais ao funcionamento humano". Anatomia e Fisiologia. OpenStax. ISBN 978-1-947172-04-3.

6. Urbansky, Edward T.; Schock, Michael R. (**2000**). "Compreensão, derivação e cálculo da capacidade tampão". Jornal de Educação Química. 77 (12): 1640-1644. Bibcode:2000 JChEd.. 77.1640U. doi:10.1021/ed077p1640.

7. Butler, JN (**1998**). Equilíbrio iónico: Solubility and pH calculations. Wiley. pp. 133-136. ISBN 978-0-471-58526-8.

8. Hulanicki , A. (**1987**). Reacções de ácidos e bases em química analítica. Traduzido por Masson, Mary R. Horwood. ISBN 978-0-85312-330-9.

9. Escorpião, R. (**2000**). Fundamentals of Acids, Bases, Buffers & Their Application to Biochemical Systems. ISBN 978-0-7872-7374-3.

NOTAS DOS ESTUDANTES

1st EXPERIMENTAÇÃO

2nd EXPERIMENTAÇÃO

H
He
Li
Be
C
N
O
F
Ne
Na
Mg
P
S
Cl
Ar
K
Ca
Sc
Cr
Mn
Fe
Co
Ni
As
Se
Br
Kr
Rb
Sr
Tc
Ru
Rh
Pd
Ag
Sn
Sb
Te
I
Xe
Cs
Re
Ir
Au
Tl
Pb
Bi
Po
At
Rn
Fr
Hs
Rg
Cn
Lv
Ts
Og
La
Pr
Pm
Sm
Eu
Gd
Tb
Dy
Yb
Lu
Ac
Th
Np
Pu
Am
Cm
Md
No
Lr

MIX
Papier aus verantwortungsvollen Quellen
Paper from responsible sources
FSC® C105338

Printed by Books on Demand GmbH, Norderstedt / Germany